儿童
时尚毛衣编织

德国Christophorus出版社　汇编

熊梅雯（Meiwen Xiong Isenschmid）　译

河南科学技术出版社
·郑州·

亲爱的读者们

欢快的颜色和可爱的样式会让你们对给孩子编织毛衣产生兴趣。

小作品完成起来很快，而有难度的花样也同样是一种考验。不管是麻花连衣裙还是条纹套头衫，都能很快完成。

即使您平时练习得比较少，还是有足够的机会在此书中找到几件作品来宠爱您的小家伙，而这些就如同您的孩子一样，都是买不到的珍品。

愿您享受编织的快乐！

编辑

目录

编织难度

● = 快速简单

●● = 耗时较少

●●● = 耗时略多

小甜妞

黄色无袖连衣裙 · 尺寸：98/104 (110/116，122/128) · 难度 ●●●

材料

· 棉混纺线(97%棉，3%聚酯，每团约125米/50克)：黄色200(250，300)克
· 棒针：4号
· 钩针：4号

编织图案

钩针图案：按照下面钩针图解编织。以图案组的前一针开始，重复钩织同一图案组，然后以图案组后面的一针结束。第1~3行钩织1次，然后一直重复钩织第2、3行。

下摆及袖口钩边：第1圈：钩织短针；第2圈：1针短针，*在接下来的第3个针目里钩织5针长针，在接下来的第3个针目里钩织1针短针。从*开始重复，在接下来的第3个针目里钩织5针长针。每圈开头钩织1针立起的辫子针作为第1针短针的起立针，每圈最后用引拔针结束。

编织小样

上下针：21针31行＝约10厘米x10厘米织片；钩针图案：23针9行＝约10厘米x10厘米织片。

编织方法

后片：起针95(105，115)针，全部织上下针，其中第10(12，14)行的第2针、第25(27，30)针、第48(52，58)针、第71(77，86)针以及第93(103，113)针分别用别线做记号。从裙子的斜边处起，前2处别线记号的2针分别和接下来的2针做下针并针；中间部分别线记号的那一针和前面一针交换位置，然后织下针并针；最后2处别线记号的2针分别和前面2针做下针并针。这些并针每12(14，16)行重复5次，剩65(75，85)针。从起针处量起至26(30，34)厘米处收针断线。从收针的针目里钩织72(80，88)针短针作为后背部分，并钩织上述钩针图案。从钩针图案开始量

起至4(5，6)厘米处开袖窿，两侧各平收7(8，9)针收1次。从钩针图案开始量起至17(20，23)厘米处开后领，中间平收32(36，42)针，肩部分开完成。从钩针图案开始量起至19(22，25)厘米处后片完成。

前片：用后片方法编织，领口开深。从钩针图案量起至13(16，19)厘米处，中间平收32(36，42)针。肩部分开完成。编织到与后片同高结束。

整理：分别缝合肩部及侧身。领口、袖口、裙摆处钩边。

符号说明

· = 辫子针　| = 短针　† = 长针

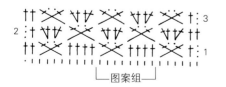

= 在接下来的第3个针目里钩织1针长针，2针辫子针，在倒数第3个针目里钩织1针长针

以此类推循环钩织。

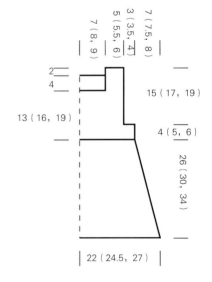

满满幻想

桃红色插肩袖上衣 · 尺寸：86/92 (98/104，110/116) · 难度 ●●

材料

· 棉线(100%棉，每团约100米/50克)：
  桃红色250(300，350)克
· 棒针：2.5号和3号
· 环形针：2.5号

编织图案

罗纹针：1针下针，2针上针交替编织。

幻想图案：**第1行**：1针下针，*2针并1针织下针，1针空针，从*开始重复，1针下针；**第2、4行**：所有针及空针织上针；**第3行**：1针下针，*1针空针，2针并1针织下针，从*开始重复，1针下针。重复以上4行。

插肩袖收针：**右侧收针**：边针，1针下针，2针并1针织下针。

左侧收针：2针下针拨收并1针(即1针挑针不织，1针织下针，然后将挑针的1针套到该下针上)，1针下针，边针。

编织小样

幻想图案：20针27行=约10厘米x10厘米织片；上下针：23针30行=约10厘米x10厘米织片。以上均使用3号棒针编织。

编织方法

后片：用3号棒针起58(64，70)针，下摆织幻想图案。最后一行均匀加18(18，20)针。接下来全部织上下针，从下摆上方量起至18(20，22)厘米处开始织插肩。两侧各平收3针收1次，再每2行减1针减13(15，17)次。从下摆上方量起至28(31，34)厘米处，所有剩下的针数全部收针断线。

前片：除领口外，织法同后片。从下摆上方量起至24(27，30)厘米处，中间平收24(26，30)针。两侧分开处理，靠领口一侧每2行减4针减1次，每2行减3针减1次，每2行减2针减1次，每2行减1针减1次。

袖子：起42(44，46)针，全部织上下针。袖子两斜侧每12行各加1针加5(6，5)次，每10行各加1针加0(0，2)次。从起针处量起至24(27，30)厘米处，两侧

斜肩如后片中所述方法处理。从起针处量起至34(38，42)厘米处，所剩针数全部收针断线。

整理：将插肩袖缝在身片上。领口用环形针挑123(129，135)针，并织2.5厘米罗纹针，收针断线。缝合侧身和袖子。钩织一条约100(105，110)厘米长的细绳，穿入幻想图案的一行洞眼里，打蝴蝶结。

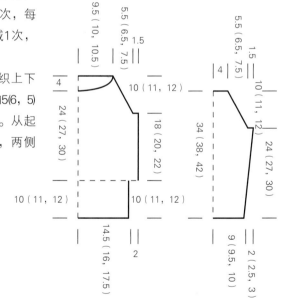

运动健将

浅蓝色背心 · 尺寸：92/98 (104/110，116/122) · 难度 ●●

材料

- 棉线(100%棉，每团约180米/50克)：浅蓝色100(150，150)克，湖绿色50克
- 棒针：2.5号和3号
- 环形针：2.5号，40厘米长

编织图案

单罗纹针：1针下针，1针上针交替编织。

条纹花样：2行浅蓝色线单罗纹针编织，1行湖绿色线下针编织，1行湖绿色线单罗纹针编织，1行浅蓝色线下针编织，3行浅蓝色线单罗纹针编织。

编织小样

使用3号棒针编织上下针：27针35行=约10厘米×10厘米织片。

编织方法

后片：用2.5号针、浅蓝色线起84(92，100)针，条纹花样编织1(2，2)次，约4(5.5，5.5)厘米。换3号针用浅蓝色线继续编织上下针，织到16(17.5，20.5)厘米到腋下后两边开始织袖窿。减针方法：平收4针收1次；再每2行减2针减1次，每2行减1针减2(3，3)次，然后继续往上编织至28(30.5，34.5)厘米处开后领。中间平收26(28，30)针，

肩部分开处理，靠领口一侧每2行减1针减1次。继续编织至29(31.5，35.5)厘米处收针断线，后片完成。

前片：同后片方法编织，但是领口开口处要挖得深些。织到约22(23.5，27.5)厘米处，中间分针，两边开口部分分开完成。从反面开始处理，即边针之后织5针单罗纹针。织到25(26.5，30.5)厘米后开领口。从反面第1针开始，也就是前行的最后6针直接挑针不织，减针方法：每2行减4(4，5)针减1次；每2行减2(2，3)针减1次；每2行减1针减2(3，2)次。织到与后片肩膀同样高度收针断线。

整理：缝合肩部。用环形针、浅蓝色线在领口挑83(87，91)针，放中间。将领口开口处两边各预留的6针穿到环形针两侧，用下述方法编织(第1行=后片)：2行浅蓝色线单罗纹针编织，1行湖绿色线上针编织，1行湖绿色线单罗纹针编织，1行浅蓝色线上针编织，3行浅蓝色线单罗纹针编织。收针断线。袖窿用环形针、浅蓝色线挑76(80，86)针，用下述方法编织(第1行=后片)：2行浅蓝色线单罗纹针编织，*1行湖绿

色线上针编织，1行湖绿色线单罗纹针编织，1行浅蓝色线上针编织，3行浅蓝色线单罗纹针编织。从*开始重复编织。收针断线完成袖边。

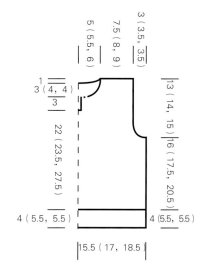

所有梦想

紫色无袖高腰长裙 · 尺寸：96/98 (104/110，116/122) · 难度 ●●

材料

· 棉混纺线(90%皮马长绒棉，10%
尼龙，每团约150米/50克)：紫色
150(200，250)克

· 棒针：4.5号

· 钩针：4号

编织图案

9针镂空图案：按照编织图解编织。反
复重复第1~4行。

提示：加减针时请注意每行的加针和
减针保持一致。

编织小样

镂空图案：20针29行=约10厘米x10厘
米织片。

编织方法

后片：起76(85，94)针，从箭头A处
开始织镂空图案。从起针处量起至
11(12.5，14)厘米处，两边各减1针，
然后图案内侧的上下针条纹里各以下
针减针法减1针减7(8，9)次，剩67(75，
83)针。从起针处量起至22(25，28)
厘米处，图案内侧的上下针条纹里各
以下针减针法减1针减7(8，9)次，剩
60(67，74)针。继续编织镂空图案，
即在空针之间都各只有1针下针。从
起针处量起至27(31，35)厘米处开袖
窿。两侧各平收4针收1次，再每2行
减2针减2次，每2行减1针减2次。从
起针处量起至34(40，46)厘米处开后
领。中间平收10(15，18)针。肩部分
开处理，靠领口一侧每2行减3针减2
次。从起针处量起至36(42，48)厘米
处，肩部剩余针数收针断线。

前片：同后片方法编织，领口开深。
从起针处量起至31(37，43)厘米处，
中间平收4(9，12)针。两侧分开处
理，靠领口一侧每2行减3针减1次，每
2行减2针减1次，每2行减1针减4次。
织到与后片同高，剩余肩部针数收针
断线。

整理：缝合肩部及两侧身。所有下
摆、领口、袖口处钩织1圈短针和1圈
逆短针（即从左往右钩织的短针。译
者注：逆短针是钩针的一种针法，与
正常的钩短针的钩织方向是相反的，
多用于收边，常用于钩织宝宝靴帮等
的边缘，有狗牙效果）。用辫子针
钩织一条约90(100，110)厘米长的细
绳，第2行钩织引拔针。将细绳在腋下
5(6，7)厘米处穿入镂空图案。

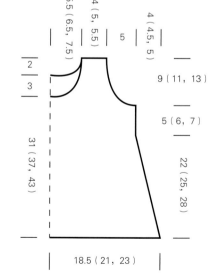

符号说明

□ I □ = 1针下针

□ U □ = 1针空针

□ ↗ □ = 2针并1针织下针

图案组

A

圈圈舞

五彩条纹毛开衫　·　尺寸：86/92 (98/104，110/116)　·　难度 ●●●

材料

· 美利奴羊毛线(100%美利奴超细羊毛，每团约120米/50克)：褐色100 (150，150)克，蓝松石色、桃红色、浅绿色和红色各50克
· 棒针：4号
· 环形针：4号，40厘米长
· 缝衣针1根
· 纽扣2颗

编织图案

大单桂花针：1针下针，1针上针交替编织，隔行交错编织。

小单桂花针：1针下针，1针上针交替编织，逐行交错编织。

女神图案1：上下针编织花样1，重复第1~7行1次。

女神图案2：上下针编织花样2，重复第1、2行1次。

女神图案3：上下针编织花样3，重复第1~5行1次。

条纹序列1：7行女神图案1，2行褐色起伏针，3行浅绿色上下针，2行褐色起伏针，2行红色上下针，1行褐色上下针，4行蓝松石色小单桂花针，1行蓝松石色上下针，1行褐色上下针，4行桃红色上下针，2行褐色起伏针，2行女神图案2，12行浅绿色上下针，*2行褐色起伏针，2行红色上下针，1行褐色上下针，2行蓝松石色上下针，1行褐色上下针，2行浅绿色上下针，2行褐色起伏针，3行桃红色上下针，10行褐色上下针，3行蓝松石色上下针，1行褐色上下针，2行红色上下针，1行褐色上下针，2行桃红色上下针，1行褐色上下针，10行浅绿色上下针。

条纹序列2：2行褐色起伏针，5行女神图案3，1行褐色上下针，4行浅绿色小单桂花针，1行浅绿色上下针，1行褐色上下针，2行红色上下针，2行褐色起伏针。

编织小样

上下针：20针30行=约10厘米x10厘米织片。

编织方法

后片：用褐色线起58(66，74)针，织2厘米大单桂花针，并在最后1行加1针。继续编织条纹序列1，其中女神图案1从箭头A开始，女神图案2从箭头A(B，C)开始。从下摆上方量起至14(17，20)厘米处开袖窿，两侧各平收4针收1次。从下摆上方量起至27(32，37)厘米处开后领，中间平收29(33，37)针。肩部分开完成，从下摆上方量起至28(33，38)厘米处，肩部剩余针数收针断线。

右前片：用褐色线起28(32，36)针，织2厘米小单桂花针，并在最后1行加1针。继续编织条纹序列1，其中女神图案1从箭头B开始，女神图案2从箭头A开始。织到与后片左侧同高同宽开袖窿。从下摆上方量起至24(29，34)厘米处开领口，右侧平收6(8，10)针收1次，每2行减3针减1次，每2行减2针减1次，每2行减1针减3次。织到与后片同高，剩余针数收针断线。

左前片：使用相同方法编织。

袖子：用褐色线起40(44，48)针，织2厘米大单桂花针，并在最后1行加1针。继续用蓝松石色织7(8，9)厘米上下针，以及18行条纹序列2（其中含有女神图案3），剩余部分则编织褐色上下针。袖子斜边为每8行加1针加8(7，5)次，每6行加1针加0(3，7)次。从袖边上方量起至23.5(26.5，29.5)厘米处，再笔直往上织2厘米，然后收针断线。

整理：在后片和前片的3行浅绿色上下针处，用双股桃红色线每5厘米缚住。在后片和前片的浅绿色宽条纹当中，依照成衣图片，用双股桃红色和红色线跨2针3行绣半针十字绣，缝合肩部。领口用褐色线以环形针挑59(69，79)针，织2厘米小单桂花针后收针断线，向内对折缝合成领边。从前片门襟边缘处用褐色线挑56(66，76)针织2

厘米小单桂花针后收针断线。向内对折缝合完成门襟。从领口处量起至7(8，9)厘米处，靠右前片门襟边缘1厘米处开2个扣眼。缝合袖子，缝合线对准肩缝。缝合衣服两侧身，上袖子，缝上纽扣。最后整烫所有接缝处。

花样1

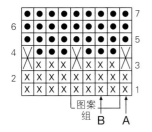

花样2

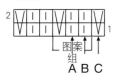

花样3

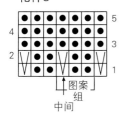

符号说明

X =1针蓝松石色

X =1针蓝松石色滑针，即在织正面的时候将线置于织片后方挑针不织，织反面时将线置于织片前方挑针不织

I =1针浅绿色

V =1针褐色

V =1针褐色滑针，即在织正面的时候将线置于织片后方挑针不织，织反面时将线置于织片前方挑针不织

● =1针桃红色

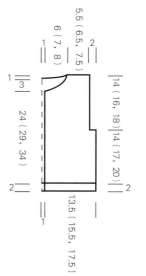

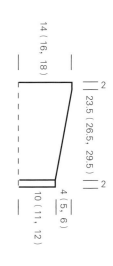

冒险精神

提花套头衫　·　尺寸：92/98 (104/110，116/122)　·　难度 ●●●

材料

· 超细纤维混纺线(50%尼龙，50% 超细纤维压克力，每团约75米/50 克)：绿色200(250，300)克，草绿色150(150，200)克，蓝松石色100(150，200)克

· 棒针：5.5号和6号

· 环形针：5.5号，40厘米长，2根

编织图案

下摆图案（双罗纹针图案）：2针下针、2针上针交替编织。

18针提花图案1和2：按照编织图解用各色线编织上下针，织片背面的线拉得松一些，以防止织片起皱。重复图案第1~22行1次。

4针棋盘格图案：2针下针，2针上针交替编织，每4行交错编织。

条纹图案，起伏针：*4行草绿色、绿色和蓝松石色，从*开始重复编织。

编织小样：

提花图案1和2：18针22行=约10厘米x10厘米织片；棋盘格图案：17.5针24行=约10厘米x10厘米织片；条纹图案：16针34行=约10厘米x10厘米织片。以上各图案均使用5.5号棒针编织。

编织方法

后片：用蓝松石色线起62(70，74)针，织4厘米下摆双罗纹针图案，其中最后1行均匀加1(1，3)针。从箭头A(B，C)开始，继续编织22行=10厘米提花图案1。接着继续用绿色线编织棋盘格图案，以1针上针(2针下针，2针下针)开始，其中第1行收1针。从下摆上方量起至23(28，33)厘米处，从箭头A(B，C)开始，继续编织提花图案2，其中第1行加1针。从下摆上方量起至31(36，41)厘米处开后领，中间平收19(23，27)针。肩部分开处理，靠领口一侧每2行减3针减1次。从下摆上方量起至33(38，43)厘米处，剩余针数直接收针断线。

前片：同后片方法编织，领口开深一些。从下摆上方量起至27(32，37)厘米处，中间平收11(15，19)针。两侧分开处理，靠领口一侧每2行减2针减3次，每2行减1针减1次。织到与后片同高，肩部剩余针数收针断线。

袖子：用蓝松石色线起34(34，38)针，织4厘米下摆双罗纹针图案，其中最后1行均匀加0(2，2)针。继续用绿色线编织棋盘格图案，以1针下针(2针下针，2针上针)开始。从袖边双罗纹针上方量起至13(16，19)厘米处，2针边针间织提花图案2，其中第1行加1针。同时收袖窝，两边每6行各加1针加3(4，4)次，每4行各加1针加8(8，10)次。从袖边双罗纹针上方量起至23(26，29)厘米处收针断线。

整理：仅缝合一侧肩部。领口处用环形针在针目外侧挑约64(68，72)针，其中只需要保留1针边针。织3圈上下针，停针待用。然后用第2根环形针在边针针目内侧挑同样针数，使用相同方法编织。外侧环形针上的针目与内侧针目合并编织，即从每根环形针上取1针编织下针并针。然后编织3厘米双罗纹针图案，收针断线。

缝合另一侧肩部，缝合领边接缝处。袖片对折缝合，缝合线对准肩缝。缝合侧身，上袖子。换蓝松石色线用环

形针从领口再挑64(68，72)针，领边
按照上述方法编织。

围巾

用草绿色线起178(194，210)针，织条
纹图案。从起针处量起，织到10厘米
处收针断线。

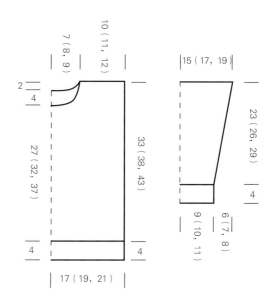

提花图案1和2

符号说明

☐ =草绿色

☒ =绿色提花图案1

☒ =蓝松石色提花图案2

1格 =1针+1行

图案组

C　中间　A　B

绒绒衫

镂空套头衫　·　尺寸：92/98（104/110，116/122）　·　难度●●●

材料

· 初剪混纺羊毛线(60%可水洗初剪
  羊毛，40%腈纶，每团约85米/50
  克)：绿松石色250(350，450)克
· 尼龙混纺线(80%尼龙，20%聚
  酯，每团约90米/50克)：紫色
  150(150，200)克，绿松石色
  100(150，150)克
· 棒针：5号和5.5号
· 环形针：4号，40厘米长；5
  号，40厘米和80厘米长

编织图案

下摆图案（单罗纹针）：1针下
针，1针上针交替编织。
尼龙混纺线的条纹图案，起伏针编
织：每2行/圈用紫色和绿松石色线
交替编织。
初剪混纺羊毛的镂空图案：按照编
织图解编织。编织图解显示的是正
面，在织反面时，织片显示什么针
就织什么针，空针则织上针。重复
编织图解第1~24行，注意加减针
时，每行空针和并针保持一致。
初剪混纺羊毛的基础图案：上下针
编织。

编织小样

使用5.5号棒针编织镂空图案：17.5针
26.5行=约10厘米x10厘米织片；使用
5号棒针编织基础图案：19.5针27行=
约10厘米x10厘米织片。

编织方法

后片：用5号棒针、紫色线起59(67，
75)针，织6行约3厘米条纹图案作为
下摆。然后换5.5号棒针，从箭头A开
始编织镂空图案。从下摆上方量起至
32(37，42)厘米处开后领，中间平收
13(17，19)针。肩部分开处理，靠领
口一侧每2行减5针减1次。从下摆上方
量起至34(39，44)厘米处，剩余针数
收针断线。
前片：同后片方法编织，领口开深。
从下摆上方量起至28(33，38)厘米
处，中间平收9(13，15)针。肩部分开
完成，靠领口一侧每2行减3针减1次，
每2行减2针减1次，每2行减1针减2
次。织到与后片同高，肩部剩余针数
收针断线。

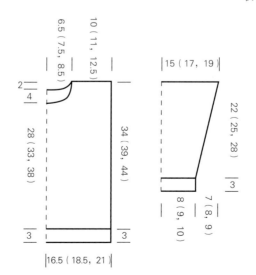

袖子：用5号棒针、紫色线起29(33，37)针，织6行约3厘米条纹图案为袖边。然后换5.5号棒针，从箭头B(C，D)开始编织镂空图案。同时袖子两侧每6行各加1针加3次，每4行各加1针加9(11，13)次。从袖边上方量起至22(25，28)厘米处收针断线。

整理：缝合肩部。然后上袖子，袖子中线对准肩缝。缝合身片两侧身及袖片。用5号短环形针、紫色线从领口挑69(75，81)针，织10行条纹图案。收针断线。

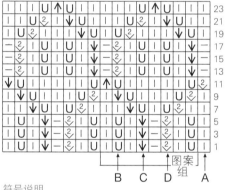

B　C　D　图案组　A

符号说明

$\boxed{|}$ = 1针下针

$\boxed{-}$ = 1针上针

$\boxed{U}$ = 1针空针

$\boxed{\ }$ = 2针并1针织下针

$\boxed{\downarrow}$ = 2针下针拨收并1针，即1针挑针不织，1针织下针，然后将挑针的1针套到该下针上

$\boxed{\uparrow}$ = 中上3针并1针，即棒针向右下方向插入将2针挑针不织，1针织下针，然后将挑针的2针套到该下针上

机灵仔

条纹连帽衫　·　尺寸：92/98 (104/110，116/122)　·　难度 ●●

材料

· 棉线(100%棉,每团约180米/50
　克)：米色100(100，150)克，蓝
　松石色50(100，100)克，湖绿色
　和浅蓝色各50克
· 棒针：2.5号和3号
· 环形针：3号，40厘米长

编织图案

单罗纹针：1针下针、1针上针交替
编织。

条纹图案：全部织上下针，*10行
蓝松石色，10行浅蓝色，10行米
色，4行湖绿色。从*开始重复编
织。

编织小样

使用3号棒针编织上下针：27针35
行=约10厘米x10厘米织片。

编织方法

后片：用2.5号棒针、米色线起
84(92，100)针，织4(4，5)厘米单
罗纹针，其中最后一行加1针。换3
号棒针继续编织条纹图案。从下摆
上方量起至16(19，21)厘米处开袖
窿，两侧各平收4针收1次，再每2行
减2针减1次，每2行减1针减2(3，3)
次。从下摆上方量起至29(33，36)厘

米处开后领，中间平收25(27，29)针。
肩部分开处理，靠领口一侧每2行减1
针减1次。从下摆上方量起至30(34，
37)厘米处，肩部剩余针数收针断线。

前片：同后片方法编织，领口开深。
从下摆上方量起至26(30，32)厘米
处，中间平收11(13，15)针。肩部分
开处理，靠领口一侧每2行减4针减1
次，每2行减2针减1次，每2行减1针
减2次。织到与后片同高，肩部剩余针
数收针断线。

袖子：用2.5号棒针、米色线起52(56，
58)针，织4(4，5)厘米单罗纹针，其中
最后一行加1(0，1)针。换3号棒针继
续编织条纹图案。袖子两侧每6行加1
针加10(14，15)次，每4行加1针加4(1，
1)次。从袖边上方量起至23(26，28)厘

米处开始织袖山。两侧各平收4针收1
次，再每2行减2针减1(1，2)次，每2
行减1针减2(3，2)次。从袖边上方量
起至25.5(29，31)厘米处，剩余针数
收针断线。

整理：缝合肩部。从领口用3号环形
针、米色线挑92(96，100)针作为领边
及连帽的起针，圈织2厘米单罗纹针。
前面中间部分平收6(8，8)针。连帽部
分用剩余针数来回织上下针。从连帽
起织处量起至23(25，27)厘米处，在
织片背面将一半的针数分到第2根针
上，然后第1根针上的1针与第2根针
上的1针一一对应织上针并针，并同时
收针断线。袖子中线对准肩缝，上袖
子。缝合身片两侧身和袖片。

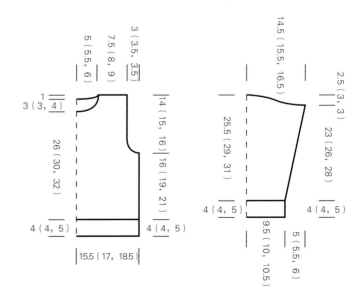

甜蜜小情侣

条纹马甲 · 尺寸：110/116（122/128，134/140） · 难度 ●●

材料

· 棉混纺线(96%棉，4%聚酯，每团约110米/50克)：灰色150(200，200)克，白色100(150，150)克，紫色50克
· 棒针：4号
· 环形针：4号，40厘米长
· 钩针：3.5号

编织图案

单罗纹针：1针下针、1针上针交替编织。

女神图案：针数为4+3+2针边针的倍数。**第1行**：边针，*3针上针，1针上针挑针（线置于织片后方），从*开始重复，以3针上针，边针结束。**第2行**：边针，3针下针，*1针上针，3针下针，从*开始重复，以边针结束。重复第1和第2行。

条纹序列：*8行灰色，1行紫色，6行白色，1行紫色。从*开始重复编织。

编织小样

女神图案：25针35行=约10厘米x10厘米织片。

编织方法

后片：用灰色线起85(93，101)针，在条纹序列里编织女神图案。从起针处量起至24.5厘米=86行(28厘米=98行，31.5厘米=110行)处开袖窿，两侧各平收3针收1次，然后每2行减2针减1次，每2行减1针减1次，剩余73(81，89)针。从起针处量起至39厘米=136行(43.5厘米=152行，48厘米=168行)处开后领，中间平收19(21，23)针，肩部分开完成。靠领口一侧每2行减3针减1次，每2行减2针减1次。从起针处量起至39.5厘米=137(44厘米=153行，48.5厘米=169行)，肩部平收7(8，9)针收1次，然后每2行减7(8，9)针减1次，每2行减8(9，10)针减1次。从起针处量起至40.5厘米=142行(45厘米=158行，49.5厘米=174行)，所有针数应该都已收完。

前片：除开V领外，与后片使用相同方法编织。从起针处量起至24厘米=84行(28.5厘米=100行，33厘米=116行)处，从中间分针，两侧分开完成。领口一侧按照如下方法减针：*每2行减1针减1次，每4行减1针减2次，从*开始重复3(4，4)次；每2行减1针减1(0，1)次，每4行减1针减1(0，0)次。

整理：缝合肩部。用环形针、灰色线从领口挑123(127，131)针，从领尖中间一针的左边开始挑，到领尖的中间一针结束。反面织1行下针，然后织单罗纹针作为领边，织2.5厘米=7行后收针断线。领尖处的窄边从左侧盖住右侧，然后缝合。用灰色线从袖窿挑76(82，88)针，袖边编织方法同领边。缝合侧身。下摆用紫色线钩织一圈短针。

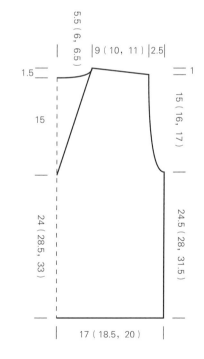

无袖麻花连衣裙　·　110/116 (122/128，134/140)　·　难度 ● ● ●

材料

· 棉混纺线(96%棉，4%聚酯，每团
约110米/50克)：粉红色300(350，
400)克，白色和紫色各50克，或者
用织条纹马甲剩余的白色和紫色线
· 棒针：4号
· 环形针：4号，40厘米长
· 钩针：3.5号
· 2根麻花针

编织图案

单罗纹针图案：1针下针、1针上针交
替编织。

麻花图案：按照编织图解编织。重复
第1~32行。

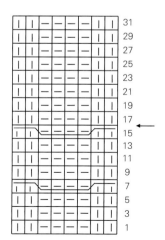

编织小样

反上下针：23针30行=10厘米x10厘米
织片；8针麻花花样=约2.5厘米宽。以
上均使用4号棒针编织。

编织方法

后片：用粉红色线起126(132，138)
针，排以下花形：边针，*14(15，16)
针反上下针，8针麻花花样，14(15，
16)针反上下针，8针麻花花样，其中
从第17行(见箭头)开始，从*开始重复
1次，14(15，16)针反上下针，8针麻花
花样，14(15，16)针反上下针，边
针。从起针处量起至8厘米=24行处收
缩宽度，每个麻花花样前的最后2针
和麻花花样后的初始2针织上针并针，
共减去10针。每22行这样减1次，再
重复减4次，剩余76(82，88)针。从
起针处量起至42厘米=126行(44.5厘
米=134行，47.5厘米=142行)开袖
窿。两侧各平收3针收1次，再每2行减

符号说明

□ = 1针下针
□ = 1针上针
□□□□□□□□ = 8针下针/上针左麻花花
样：将2针移到麻花针上，置于织片前方，将4
针移到第2根麻花针上，置于织片后方。接下
来2针织下针，第2根麻花针上的针织上针，第
1根麻花针上的针织下针

2针减1次，每2行减1针减2次，剩余
62(68，74)针。从起针处量起至52.5
厘米=158行(56.5厘米=170行，60.5
厘米=182行)处开后领，中间平收
38(40，42)针，肩部分开处理。从起
针处量起至56.5厘米=170行(60.5厘
米=182行，64.5厘米=194行)处，肩
部剩余的12(14，16)针收针断线。

前片：编织方法同后片，领口开深。
从起针处量起至50厘米=150行(54厘
米=162行，58厘米=174行)处，中间
平收38(40，42)针。

整理：缝合肩部。用环形针、白色线
从领口按照如下方法挑针：从左肩缝
开始，从前领的垂直边挑18针，领口
转角处挑1针，水平边挑33(35，37)
针，领口转角处挑1针，垂直边到右肩
缝处挑18针，从后领垂直边挑9针，领
口转角处挑1针，水平边挑33(35，37)
针，领口转角处挑1针，垂直边挑9
针，总共挑124(128，132)针。领边织
1圈上针，然后织单罗纹针，注意转角
处的针要织下针。从挑针起每2行转角
处的1针与之后1针织2针下针拨收并1
针。织3圈罗纹针领边后再织4圈紫色
罗纹针，然后收针断线。缝合侧身。
袖窿及下摆各用粉红色线钩织1圈短
针。

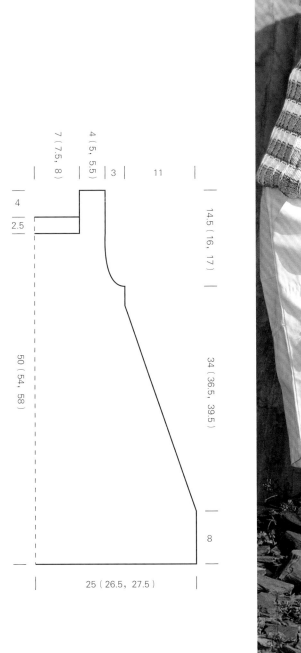

7 (7.5, 8)

4 (5, 5.5)

3

11

4

2.5

14.5 (16, 17)

34 (36.5, 39.5)

50 (54, 58)

8

25 (26.5, 27.5)

沙滩小子

结构图案套头衫 · 尺寸：116/122 (128/134，140/146) · 难度 ●●●

材料

- 棉混纺线(50%棉，50%腈纶，每团约140米/50克)：本白色约250(300，350)克
- 棒针：3.5号
- 环形针：3.5号，50厘米长

编织图案

罗纹针：平织：反面：边针，1针上针，*1针下针扭针，1针上针，从*开始按照顺序重复编织，边针。正面：边针，1针下针扭针，*1针上针，1针下针扭针，从*开始按照顺序重复编织，边针。
圈织：1针下针扭针、1针上针交替编织。

结构图案：按照编织图解编织。从第1个箭头前2针开始编织，图案=重复2个箭头之间的8针，以第2个箭头后的9针结束。重复第1~12行。

编织小样

结构图案：26针30行=约10厘米x10厘米织片；上下针：21针30行=约10厘米x10厘米织片。以上均使用3.5号棒针编织。

编织方法

后片：起99(115，123)针，下摆以平织1行反面开始织罗纹针，织2.5厘米=7行。然后按照编织图解编织结构图案，织25.5(29.5，33.5)厘米=77(89，101)行后，从反面开始织上下针。开始换图案的同时开袖窿，两侧各平收8针，剩余83(99，107)针。织11.5(13，14.5)厘米=35(39，43)行上下针后开后领，中间平收33(41，43)针，先完成左侧。领口曲线内侧每2行减1针减3次。领高织到2.5厘米=8行后，剩余的22(26，29)针收针断线。另一侧以相同方法完成。

前片：编织方法同后片，领口开深。织1(2.5，4)厘米=3(7，11)行上下针后，中间平收21(29，31)针，先完成左侧。领口曲线内侧每4行减1针减9次。领高织到13厘米=40行后，剩余的22(26，29)针收针断线。另一侧以相同方法完成。

袖子：起51(51，59)针，以平织1行反面开始织2.5厘米=7行罗纹针。然后继续编织结构图案。织4厘米=12行后，袖子两斜侧各加1针，然后每12行加1针加3(5，4)次，共59(63，69)针。加的针织反上下针。织13.5(15.5，17.5)厘米=41(47，53)行结构图案后，平织以反面开始全部织上下针。织6(7.5，10.5)厘米=18(22，32)行后，剩余针

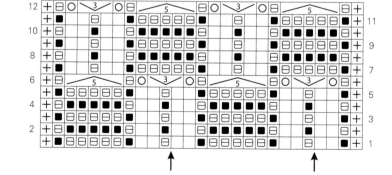

符号说明

☐ = 无含义

■ = 1针下针

⊟ = 1针上针

⊞ = 边针

⊙ = 1针空针

⟍₅⟋ = 5针并1针织下针

⟍₃⟍ = 1针放3针 (= 1针下针，1针上针，1针下针)

数收针断线。

整理：缝合肩部。用环形针从后领口边缘处挑51(59，61)针，从前领口边缘处挑93(101，103)针，总共144(160，164)针，圈织罗纹针作为领边。其中第1圈全部2针并1针织下针，剩余72(80，82)针。织6圈罗纹针后收针断线。上袖子，缝合侧身及袖子。

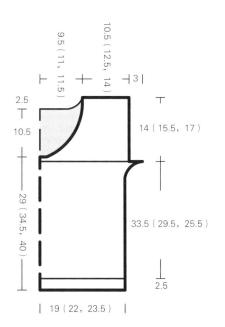

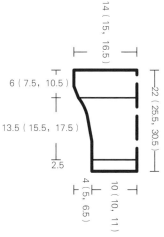

魔力帝国

无袖连衣裙 · 尺寸：110/116 (122/128，134/140) · 难度●●

材料

· 棉混纺线(60％棉，40％尼龙，每团约90米/50克)：牛仔蓝色约300(300，350)克
· 棒针：4.5号
· 环形针：4.5号，40厘米长
· 短双头棒针：4.5号

编织图案

褶裥图案A：编织4+3针倍数。

第1行=正面：边针，*1针下针，3针上针，从*开始重复编织，以1针下针，边针结束。第2行：边针，*2针上针，1针下针，1针上针，从*开始重复编织，以1针上针，边针结束。第1行和第2行织3次。

褶裥图案B：编织6+5针倍数。

第1行=正面：边针，*横向挑1针（即右加针）织1针下针扭针，1针下针，横向挑1针（即右加针）织1针下针扭针，3针上针，从*开始重复编织，以横向挑1针（即右加针）织1针下针扭针，1针下针，横向挑1针（即右加针）织1针下针扭针，边针结束。第2行：边针，1针下针、1针上针交替编织，以1针下针，边针结束。第3行：边针，*3针下针，3针上针，从*开始重复编织，以3针下针，边针结束。

重复编织第2行和第3行。

编织小样

上下针：18针27行=约10厘米x10厘米织片；褶裥图案B：18针27行=约10厘米x10厘米织片。以上均用4.5号棒针编织。

注意：先编织后片和前片，然后编织裙片，见第31页图示箭头方向。

编织方法

后片：起56(60，64)针，反面织1行下针，然后织8行上下针，接下来的正面行织上针，再继续织上下针。从起针处量起至5(5，6)厘米=13(13，17)行处开袖窿，两侧各平收2针收1次，再每2行减2针减1次，每2行减1针减1次，剩余46(50，54)针。织到12(13.5，15)厘米=32(36，40)行处开后领，中间平收22(24，26)针，先完成左侧后领。领口曲线内侧，每2行减3针减1次。领高织到1.5厘米=4行处，剩余的9(10，11)针收针断线。使用相同方法完成另一侧领口。

前片：织法同后片，领口开深。袖窿收完后再织1.5厘米=4行后，中间平收8(10，12)针，先完成左侧领口。领口曲线内侧，每2行减2针减2次，每2行减1针减6次。另一侧以相同方法完成。

裙子后片：从后片起针处边缘挑55(59，63)针，反面织上针，再织褶裥图案A6行。然后继续织褶裥图案B，第1行后有83(89，95)针，从挑针处量起至25.5(28.5，41.5)厘米=69(77，85)行处，收针断线。

裙子前片：编织方法同裙子后片。

整理：缝合肩部。用环形针从领口前方挑58(60，62)针，领口后方挑32(34，36)针，共90(94，98)针，圈织作为领边，2圈下针、1圈上针，然后下针收针断线。缝合侧身。用短双头棒针从袖窿各挑54(60，66)针，平分到4根针上，圈织2圈下针、1圈上针，收针断线。

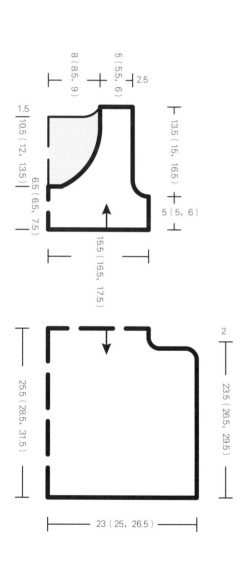

8 (8.5, 9)

5 (5.5, 6)

2.5

1.5

10.5 (12, 13.5)

6.5 (6.5, 7.5)

13.5 (15, 16.5)

5 (5, 6)

15.5 (16.5, 17.5)

2

23.5 (26.5, 29.5)

25.5 (28.5, 31.5)

23 (25, 26.5)

甜蜜覆盆子

玫红色上衣及小挎包　·　尺寸：104/110 (116/122，128/134，140/146)　·　难度●●

材料

· 棉线(100%皮马长绒棉，每团约140米/50克)：玫红色上衣及挎包共约200(250，250，300)克
· 棒针：3.5号
· 环形针：3.5号，40厘米和60厘米长
· 环形针：3号，40厘米长
· 短双头棒针：3.5号
· 钩针：4号
· 玫红色缎带：2毫米宽，2米长

编织图案

罗纹针：1针下针、1针上针交替编织。

铜钱花图案：按照编织图解A、B编织。编织图解A平织，织完第1行后，图解=5针/4针不断重复。第1~3行只织1次。编织图解B圈织，织完第3行后不断重复图解=5针/4针。重复第1~4行。

注意：在下面给出的说明里，针数和编织图解里的5针有关。

强调减针法：**右侧**：边针，2针并1针织下针。**左侧**：2针下针拨收织1针，即1针类似织下针方式挑针不织，接下来1针织下针，然后将挑针的1针套到这针下针上，边针。

编织小样

上下针：20针29行=约10厘米x10厘米织片；铜钱花图案：22针30圈=约10厘米x10厘米织片。以上均使用3.5号棒针编织。

编织方法

后片：用钩针别线起针法，钩织78(83，88，93)针辫子针，从每针辫子里用3.5号棒针挑1针，共挑78(83，88，93)针，然后织上下针。织2.5厘米=8行后使用强调减针法收侧身斜边，两侧各减1针，然后每10(12，14，16)行减1针减3次。织6.5厘米=20行最后一次强调减针法后，两侧再各减1针后，剩余68(73，78，83)针。上下针织到27.5(29.5，31.5，33.5)厘米=80(86，92，98)行后，从最后一次减针处量起至7厘米=22行处，两侧各平收4针，剩余的60(65，70，75)针停针。拆去别线，用3.5号棒针挑起针目77(82，87，92)针作为下摆，然后根据编织图解A织1厘米=3行铜钱花图案。在反面以上针收针断线。

前片：编织方法同后片。

袖摆：用3.5号棒针用平织起针法起38(43，48，53)针，织2厘米=6行罗纹针后，两侧各平收4针，剩余的30(35，40，45)针停针。

育克：用3.5号长环形针用以下方法挑针：右袖边停的30(35，40，45)针，后片挑60(65，70，75)针，左袖边停的30(35，40，45)针，前片挑60(65，70，75)针，总共挑180(200，220，240)针，根据编织图解B圈织铜钱花图案，过渡为圈织的地方做好记号。织9(10，11.5，13)厘米=27(31，35，39)圈后，2针上针的地方进行上针并针，剩余144(160，176，192)针。换3.5号短环形针，从减针处算起，织8(12，16，20)圈后，每针上针与接下来的下针2针并1针织下针，剩余108(120，132，144)针。织完14(15.5，16.5，18)厘米=42(46，50，54)圈铜钱花图案，最后一次减针后织6圈，换3号环形针，织4圈罗纹针作为领边。

整理：缝合侧身及袖子，剪1条约120厘米长的缎带，从铜钱花图案倒数第2圈中间的洞眼里穿入及穿出。

挎包

整理：挎包下面上下针编织部分为双层。首先编织挎包的外层，用钩针别线起针法起30针辫子针，然后用3.5号棒针从每针辫子针里织出1针，即起30针。编织13.5厘米=40行上下针后停针。拆掉别线，用另一根棒针挑起这

30针。接着织片外侧对外侧折叠，将停针的这根棒针上的针和从别线上挑下的针一一对应放置，两侧缝合。将挎包从里往外翻过来，使外侧朝外。挎包内层以相同方法制作，但不需要翻转，使外侧朝内。然后将挎包内层塞进外层，用短双头棒针将内层和外层的针目一一对应编织下针并针，共60针。将这些针数均匀分到4根棒针上，每根棒针上15针。根据编织图解B圈织铜钱花图案，过渡为圈织的地方做好记号，织5厘米=16圈铜钱花图案后，再织2圈罗纹针作为袋口。用3.5号棒针起10针，织82.5厘米=240行上下针作为背带，背带边缘编织辫子

针，收针断线。将背带纵向内侧朝内对折，纵向和横向对缝。将背带在挎包内层侧缝的铜钱花图案上方缝1针固定。将剩余的缎带从铜钱花图案最后一圈的洞眼中穿入及穿出。

编织图解A

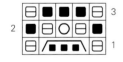

编织图解B

符号说明

■ = 1针下针

⊟ = 1针上针

◯ = 1针空针

◢▰▰▰ = 1个铜钱花图案：织3针下针，然后将第1针挑起套到其余2针下针上

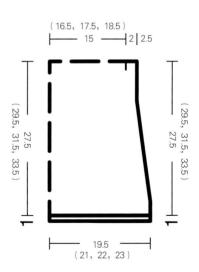

酷毙了

绿色系套头衫 · 尺寸：104/110 (116/122，128/134，140/146) · 难度●●

材料

· 竹纤维美利奴羊毛混纺线(80%竹纤维，20%美利奴羊毛，每团约100米/50克)：青绿色约50(50，100，100)克，浅绿色和灰绿色各100(100，100，150)克，绿色和薄荷绿色各50(100，100，150)克

· 棒针：4号和4.5号

· 环形针：4号，40厘米长

编织图案

罗纹针：1针下针、1针上针交替编织。

条纹序列1：4行浅绿色，4行灰绿色交替编织。

条纹序列2：4行绿色，4行薄荷绿色交替编织。

强调减针法：**右侧**：边针，2针下针拨收并1针(即1针类似织下针方式挑针不织，接下来1针织下针，然后将挑针的1针套到这针下针上)。**左侧**：2针并1针织下针，边针。

强调加针法：**右侧**：边针，横向挑1针（即右加针）织1针下针扭针。**左侧**：横向挑1针（即右加针）织1针下针扭针，边针。

编织小样

使用4.5号棒针编织上下针：20针26行=约10厘米x10厘米织片。

编织方法

后片：用4号棒针、青绿色线起72(80，88，96)针，反面1行挑1针边针后，以2针上针开始织4厘米=13行罗纹针作为下摆。然后换4.5号棒针，按照条纹序列1织上下针。从下摆上方量起至15.5(17，18.5，21.5)厘米=40(44，48，56)行后，换条纹序列2继续编织。织1.5厘米=4行条纹序列2后开袖窿，两侧各平收2针收1次，再每2行各减1针减2次，剩余64(72，80，86)针。从腋下往上织16(17，17.5，18.5)厘米=42(44，46，48)行后开后领，中间平收18(20，22，24)针，先完成左侧。领口曲线内侧每2行减2针减2次。领口往上织1厘米=2行后，平收6(7，8，9)针，再每2行减6(7，8，9)针减1次，每2行减7(8，9，10)针减1次成为斜肩。右侧以相同方法完成。

前片：编织方法同后片，领口开深。从腋下往上织至11.5(12.5，13，14)厘米=30(32，34，36)行后，中间平收10(12，14，16)针，先完成左侧。领口曲线内侧每2行减3针减1次，每2行减2针减1次，每2行减1针减3次。右侧以相同方法完成。

袖子：用4号棒针、青绿色线起40针，反面1行挑1针边针后，以2针上针开始织4厘米=13行罗纹针作为袖边。然后换4.5号棒针，按照条纹序列1织上下针。条纹序列1织到第5行，两侧以强调加针法各加1针加1次，然后104/110(116/122，128/134)尺寸的每4行和6行轮流以强调加针法加1针加9(11，13)次，140/146尺寸的每4行以强调加针法加1针加15次，共60(64，68，72)针。从袖边上方量起至21.5(24.5，28，30.5)厘米=56(64，72，80)行处换条纹序列2继续编织。织1.5厘米=4行条纹序列2后处理袖山，两侧各平收2针收1次，再每2行以强调减针法减1针减10(11，12，13)次，然后每2行减2针减1次，每2行减3针减1次，每2行减4针减1次。将袖山织到11(11.5，12.5，13)厘米=28(30，32，34)行后，剩余的18(20，22，24)针收针断线。

整理：缝合肩部和侧身。以4号环形针用青绿色线从后领边缘挑30(32，34，36)针，从前领边缘挑50(52，54，56)针，共80(84，88，92)针，圈织罗纹针，圈织起始处做标记。织3厘米=10圈罗纹针后收针断线。缝合袖片，上袖子。

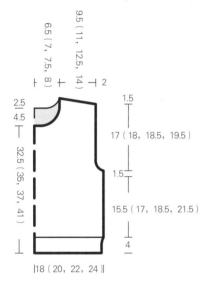

9.5 (11, 12.5, 14)

6.5 (7, 7.5, 8)

2

2.5
4.5

1.5

17 (18, 18.5, 19.5)

1.5

32.5 (35, 37, 41)

15.5 (17, 18.5, 21.5)

4

|18 (20, 22, 24)|

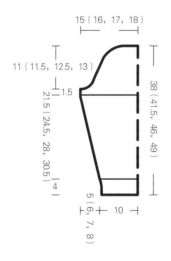

15 (16, 17, 18)

11 (11.5, 12.5, 13)

1.5

21.5 (24.5, 28, 30.5)

38 (41.5, 46, 49)

4

5 (6, 7, 8)

10

游戏时间

条纹色块插肩袖长裙 · 尺寸：116/122 (128/134，140/146) · 难度●●

材料

- 美利奴羊毛线(100%美利奴超细羊毛，每团约390米/50克)：深紫色约50(100，100)克，大红色、玫红色、淡紫色、粉红色、芥末黄色和青苹果色各约50克
- 棒针：5号
- 钩针：4号
- 直径15毫米纽扣：3颗

编织图案

强调减针法：右侧： 边针，1针下针，2针下针拨收并1针(即1针类似织下针方式挑针不织，接下来1针织下针，然后将挑针的1针套到这针下针上)。**左侧：** 2针并1针织下针，1针下针，边针。

注意：该款用3股线编织，用同种颜色3股线或不同颜色3股线。

颜色序列和分布：用3股深紫色线织16(18，20)行，再织4行过渡色，即双股深紫色线加单股青苹果色线织2行、双股青苹果色线加单股深紫色线织2行。

用3股青苹果色线织15(17，19)行，再织4行过渡色，即双股青苹果色线加单股粉红色线织2行、双股粉红色线加单股青苹果色线织2行。

用3股粉红色线织15(17，19)行，再织4行过渡色，即双股粉红色线加单股玫红色线织2行、双股玫红色线加单股粉红色线织2行。

用3股玫红色线织15(17，19)行，再织4行过渡色，即双股玫红色线加单股芥末黄色线织2行、双股芥末黄色线加单股玫红色线织2行。

用3股芥末黄色线织15(17，19)行，再织4行过渡色，即双股芥末黄色线加单股大红色线织2行、双股大红色线加单股芥末黄色线织2行。

用3股大红色线织15(17，19)行，再织4行过渡色，即双股大红色线加单股淡紫色线织2行、双股淡紫色线加单股大红色线织2行。

最后以3股淡紫色线完成织片。

编织小样

使用5号棒针、3股线编织上下针：22针27行=10厘米x10厘米织片。

编织方法

后片： 用5号棒针、深紫色线起100(108，116)针，上下针织颜色序列。在第11行=正面行=4厘米上下针处收侧身斜边，两侧各减1针，每4行以强调减针法减1针减16(18，20)次，剩余66(70，74)针。32(36，39.5)厘米=87(97，107)行上下针=最后一次收针10(12，14)行后开袖窿，两侧各平收2针。然后插肩两侧每2行以强调减针法减1针减22(23，24)次。插肩织到17(17.5，18.5)厘米=46(48，50)行，剩余18(20，22)针收针断线。

前片： 编织方法同后片。

袖子： 用芥末黄色线起62(66，70)针，织上下针。第9(11，13)行后=正面行=起针后3.5(4，4.5)厘米处，两侧各平收2针，然后插肩袖同后片插肩减针方法处理：每2行以强调减针法减1针减22(23，24)次。注意：颜色序列以及换色均与后片保持一致。插肩袖织到17(17.5，18.5)厘米=46(48，50)行后，剩余14(16，18)针收针断线。

整理： 缝合斜肩、侧身及袖子，其中在前片的左斜肩上方留约9厘米的开口，用3股淡紫色线在开口边缘，从斜

肩袖的上端开始钩织1行短针，然后再钩织1行逆短针(即从左往右钩织的短针)。

在前片的斜肩开口上平均留3个扣眼位置，以4针辫子针、1针短针的方法开扣眼。钉上纽扣。袖边用3股芥末黄色线钩织1行短针和1行逆短针（即从左往右钩织的短针）。衣领用3股淡紫色线以相同方法钩边。

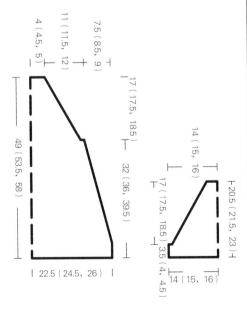

小船长

阿伦图案棉线套头衫 · 尺寸：104/110 (116/122，128/134) · 难度 ●●●

材料

· 棉混纺线(96%棉，4%聚酯，每团约160米/50克)：蓝色约300(350，350)克
· 棒针：3号和3.5号
· 环形针：3号和3.5号，60厘米长
· 短双头棒针：3号

编织图案

罗纹针：1针下针、1针上针交替编织。

图案A：根据22针的编织图解A编织。按照说明第1~24圈/行，或者第13~24圈/行织1次。然后重复第1~24圈/行。

图案B：根据24针的编织图解B编织。重复第1~24圈/行。

图案C：根据24针的编织图解C编织。重复第1~16圈/行。

强调减针法：**右侧**：边针，4针起伏针，2针并1针织下针。**左侧**：2针下针拨收并1针(即1针类似织下针方式挑针不织，接下来1针织下针，然后将挑收的1针套到这针下针上)，4针起伏针，边针。

编织小样

上下针：23针36行＝约10厘米x10厘米织片；图案A：22针36行＝约8.5厘米x10厘米织片；图案B：24针36行＝约9.5厘米x10厘米织片；图案C：24针36行＝约7.5厘米x10厘米织片。以上均使用3.5号棒针编织。

注意：该套头衫至腋窝处进行圈织。

编织方法

后片及前片：用3号环形针、双股线、平织起针法起188(196，204)针。圈织，并在过渡的地方即右身侧缝处做记号。织到第94(98，102)针时在左身侧缝处做第2个记号。下摆织3厘米＝10圈罗纹针。然后换3.5号环形针，后片针数编排如下：*3(5，7)针上下针，22针图案A，其中第1(13，1)圈开始织编织图解A，10针起伏针，24针图案B，10针起伏针，22针图案A，其中第13(1，13)圈开始织编织图解A，3(5，7)针上下针。然后从*开始重复1次作为前片。从下摆上方往上织到26.5(28，30)厘米＝96(102，108)圈后，把织片对半分，先完成第1个记号94(98，102)针的后片。袖窿两侧各平收4针，剩余86(90，94)针，边针后的第1个4针以及边针前的最后4针织起伏针。然后两侧每4行以强调减针法各减1针减3(4，5)次，每2行以强调减针法各减1针减11(12，13)次。从腋窝往上织10(11.5，13.5)厘米＝36(42，48)行后，剩余58针收针断线。中间的30针做记号为后领。前片从停针的94(98，102)针处开始，同后片方法编织。

袖子：用3号棒针、双股线、平织起针法起52(58，64)针，从反面开始织3厘米＝11行罗纹针。然后换3.5号棒针，针数编排如下：边针，13(16，19)针上下针，24针图案C，13(16，19)针上下针，边针。从袖边量起至3厘米＝10行处，两边各加1针，然后每10行加1针加6(7，8)次，共66(74，82)针，形成袖子斜边。从袖边上方量起至20.5(24，28.5)厘米＝73(86，102)行处，所有针数均以上下针继续编织。织1厘米＝3行上下针后，从反面开始织起伏针。织1.5厘米＝5行起伏针后开始处理袖山。两侧各平收4针收1次，再每2行减3针减2(3，4)次，每2行减2针减7次，每4行减1针减4次。袖山织9.5(10，10.5)厘米＝34(36，38)行后，剩余10(12，14)针再织23行起伏针连肩。然后停针。

整理：将袖子过肩缝合于前、后片，缝合侧身及袖片。用短双头棒针挑针织领边，方法如下：从领口边缘后方挑30针，左过肩停针的10(12，14)针织下针，从领口边缘的前方挑30针，右过肩停针的10(12，14)针织下针，共80(84，88)针。然后将所有挑出的最后1针和过肩的最后1针做记号。以1针下针开始圈织罗纹针，其中第1圈4个记号位置分别进行3针下针拨收并1针，即做记号的1针与之前的1针如

织下针一般挑针不织，接下来的1针织下针，然后将挑针的2针套到这针下针上，剩余72(76，80)针。织6圈罗纹针后，收针断线。

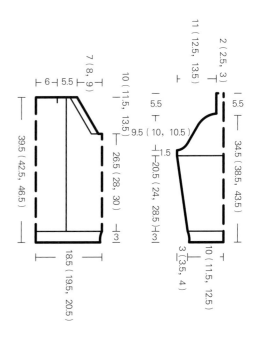

编织图解A

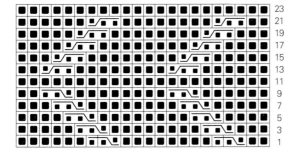

	23
	21
	19
	17
	15
	13
	11
	9
	7
	5
	3
	1

编织图解C

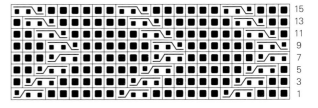

编织图解B

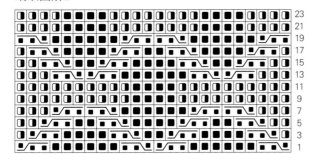

符号说明

■ = 正面行1针下针，反面行1针上针

□ = 1针起伏针，即正面行和反面行均织下针

▬▬ = 3针右交叉针：将1针移到麻花针上并置于织片后方，另2针和麻花针上的1针织下针

▬▬ = 3针左交叉针：将2针移到麻花针上并置于织片前方，另1针和麻花针上的2针织下针

小美人鱼

蓝松石色麻花套头衫 · 尺寸：98/104 (110/116，122/128) · 难度 ●●●

材料

· 棉线(100%棉，每团约110米/50克)：
  蓝松石色300(350，400)克
· 棒针：3.5号和4号
· 环形针：3.5号，40厘米长

编织图案

罗纹针：3针下针、3针上针交替编织。

以下所有图案使用4号棒针编织：

16针麻花图案1：按照编织图解1的前16针编织。第1~33行织1次，然后重复第5~33行。

16针麻花图案2：按照编织图解1的后16针编织。第1~33行织1次，然后重复第5~33行。

26针麻花图案3：按照编织图解1的第17~30针，以及第3~14针编织。第1~33行织1次，然后重复第5~33行。

麻花图案4：按照编织图解2编织。第1~35行织1次，然后重复第17~35行。

幻想图案：8针上针，18针麻花图案4，8针上针编织。

强调减针法：**右侧**：边针，1针下针，2针下针拨收并1针(即1针挑针不织，接下来1针织下针，然后将挑针的1针套到这针下针上)。**左侧**：2针并1针织下针，1针下针，边针。

编织小样

使用4号棒针编织反上下针：22针30行=约10厘米x10厘米织片。

编织方法

后片：用3.5号棒针起80(86，92)针，织4厘米罗纹针后，继续编织反上下针。从下摆上方往上织到23(26，29)厘米处开袖窿，两侧以强调减针法各减1针减1次，每2行减1针减4(5，6)次。从下摆上方量起至35(39，43)厘米处肩部减针，两侧各平收4(4，5)针收1次，再每2行减4针减1次，每2行减5针减2次(减5针减3次，减5针减3次)。肩部减针的同时开后领，中间平收34(36，38)针。肩部分开完成。

前片：起80(86，92)针，织4厘米罗纹针。继续织10(13，16)针反上下针，16针麻花图案1，34针幻想图案，16针麻花图案2以及10(13，16)针反上下针，共88(94，100)针。从下摆上方量起至23(26，29)厘米处开袖窿，两侧以强调减针法各减2针减1次，每2行减1针减3(4，5)次。从下摆上方量起至32(36，40)厘米处开领口，中间平收16(18，20)针。肩部分开完成，靠领口一侧每2行减3针减1次，每2行减2针减3次，每2行减1针减1次。从下摆上方量起至35(39，43)厘米处收肩部，两侧各平收5针收1次，再每2行减5针减2次，每2行减6

针减1次(每2行减5针减1次，每2行减6针减2次；每2行减6针减3次)，收针断线。

袖子：起44针，织4厘米罗纹针，最后一行平均加0(2，4)针。继续编织11(12，13)针反上下针，26针麻花图案3及11(12，13)针反上下针，共50(52，54)针。袖子两侧每8行加1针加0(2，5)次，每6行加1针加9(8，6)次。从袖边上方量起至20(23，27)厘米处，两侧以强调减针法减2针减1次，每2行减1针减3(4，5)次。从袖边上方量起至23(26.5，31)厘米处，剩余针数收针断线。

整理：缝合肩部。用环形针从领口挑96(102，108)针，织2厘米罗纹针后收针断线。上袖子，袖片中心线与肩缝垂直对齐。缝合侧身与袖片。最后所有缝合部位轻轻进行蒸汽熨烫。

编织图解1

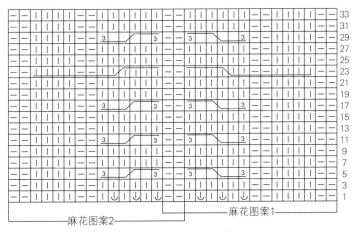

麻花图案2 ──┘   ├── 麻花图案1 ──┤

编织图解2

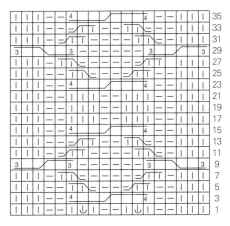

符号说明

☐I☐ = 1针下针

☐－☐ = 1针上针

☐↓☐ = 横向加出1针织下针

= 3针右交叉针：将1针移到麻花针上并置于织片后方，另2针织下针，麻花针上的1针织上针

= 3针左交叉针：将2针移到麻花针上并置于织片前方，另1针织上针，麻花针上的2针织下针

= 6针右麻花花样：将3针移到麻花针上并置于织片后方，另3针织下针，麻花针上的3针织下针

= 6针左麻花花样：将3针移到麻花针上并置于织片前方，另3针织下针，麻花针上的3针织下针

= 8针右麻花花样：将4针移到麻花针上并置于织片后方，另4针织下针，麻花针上的4针织下针

= 12针左交叉针：将4针移到麻花针上并置于织片前方，另8针中4针织下针，2针织上针，2针织下针，然后麻花针上的4针织下针

= 12针右交叉针：将8针移到麻花针上并置于织片后方，另4针织下针，然后麻花针上的8针中2针织下针，2针织上针，4针织下针

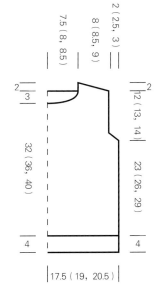

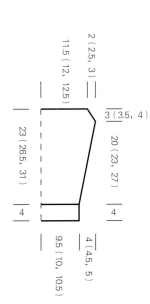

44

明星范

混色麻花斗篷及短裙　·　尺寸：104/110 (116/122，128/134)　·　难度●●●

材料

- 羊毛羊驼混纺线(50%初剪羊毛，40%腈纶，10%羊驼，每团约60米/50克)：
- 斗篷：紫水晶色200(250，300)克
- 短裙：紫水晶色100(150，150)克，以及颜色相衬的松紧带
- 棒针：7号
- 环形针：7号和8号，各40厘米和80厘米长
- 钩针：7号

编织图案

罗纹针：2针下针、2针上针交替编织。

麻花图案：按照编织图解编织，第1~40行重复编织。

编织小样

使用8号针编织麻花图案：13针26.5行= 约10厘米x10厘米织片。

编织方法

斗篷

斗篷从底边开始整体编织。用8号长环形针起104(130，156)针，准备圈织麻花图案。首先将每个麻花图案放成26针，方法如下：在麻花图案里织上针的地方分别织5针上针=4(5，6)个麻花图案。同时每第12(12，11)圈在麻花图案里织上针的地方各减1针减5次；每第12(12，11)圈在两个麻花图案里各减1针减0(1，2)次，剩64(70，72)针。从起针处量起至27(30，33)厘米处再织10厘米罗纹针，其中在第1圈均匀减去8(10，12)针，剩余56(60，60)针。收针断线。

整理：编织斗篷右侧的右袖，用7号棒针从底边挑18(22，26)针，织12厘米罗纹针。其中织到7厘米时，靠右侧平收4(5，6)针作为拇指洞，剩余针数继续往上编织。织3厘米后，再织回所有的针数。收针断线。左袖以相同方法完成。斗篷的底边钩织一圈短针。

短裙

用短环形针起64(88，88)针，圈织3厘米罗纹针，最后一圈均匀加2(0，0)针。继续编织麻花图案。从裙摆上方量起至18(22，26)厘米处，在麻花图案两边的上针里2针并1针织上针，剩余60(80，80)针。从裙摆上方量起至20(24，28)厘米处再织4厘米罗纹针，其中第1圈均匀减掉12(24，12)针，剩余48 (56，68)针，最后收针断线。

整理：将松紧带穿入裙腰处。

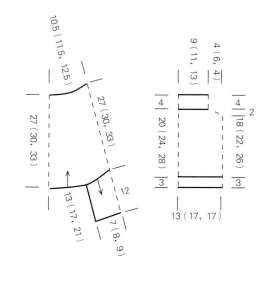

符号说明

$\boxed{\text{I}}$ = 1针下针

$\boxed{-}$ = 1针上针

$\boxed{\text{X}}$ = 1针起伏针: 奇数圈织下针, 偶数圈织上针

$\boxed{\text{⌐⌐⌐⌐}}$ = 4针左交叉针: 将2针移到麻花针上并置于织片前方, 2针织下针,
然后麻花针上的2针织下针

$\boxed{\text{⌐⌐⌐⌐}}$ = 4针右交叉针: 将2针移到麻花针上并置于织片后方, 2针织下针,
然后麻花针上的2针织下针

图案组

39
37
35
33
31
29
27
25
23
21
19
17
15
13
11
9
7
5
3
1

摩登女郎

段染上衣及钩针围巾 · 尺寸：110/116 (122/128，134/140) · 难度 ● ●

材料

· 腈纶线(100%腈纶，每团约130米/50克)：加勒比海洋色250(350，450)克
· 棒针：3.5号
· 钩针：3号

编织图案

贝壳图案：按照钩针图解重复钩织。第1~5行钩织1次，然后重复钩织第2~5行。

编织小样

上下针：23针31行=约10厘米x10厘米织片；贝壳图案：20针8行=约10厘米x10厘米织片。

正面：贝壳图案的针数会有变化。建议您按照实际大小制作一个上半身及袖子的样片，根据这个样片进行减针。

编织方法

上衣

后片：起105(117，129)针，织上下针，其中最后一行2针并1针地均匀减去30(32，35)针。从起针处量起至26(30，34)厘米处收针断线。在收针处的反面钩织65(73，81)针短针，然后钩织贝壳图案。换花样后钩织到3(4，5)厘米处开始袖窿减针。两侧根据样片实际尺寸钩织。从换花样处量起至12(15，18)厘米处，中间停针14(16，18)厘米，根据样片实际尺寸进行后领口的减针。肩部分开完成。从换花样处量起至14(17，20)厘米处，后片完成。

前片：同后片方法编织，领口开深。换花样后钩织到8(11，14)厘米处，根据样片实际尺寸进行前领口的减针。肩部分开完成。钩织到与后片同高后，前片完成。

袖子：各起49(57，65)针辫子针+1针辫子针作为第1针短针的起立针，钩织贝壳图案。从起针处量起至3(4，5)厘米处开始袖山减针。两侧根据样片实际尺寸进行减针。从起针处量起至13(14，15)厘米处，袖子完成。

整理：缝合肩部。上袖子，袖子中心线对齐肩缝。缝合侧身和袖片。所有边缘各钩织1圈短针及1圈逆短针(即从左往右钩织的短针)。

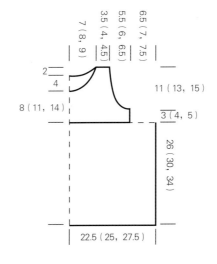
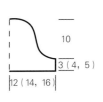

围巾
起17针辫子针+1针辫子针作为第1针短针
的起立针，钩织110(120，130)厘米贝壳
图案。

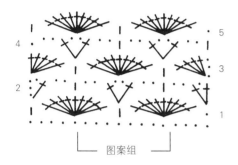

图案组

符号说明

· = 1针辫子针

| = 1针短针

† = 1针长针

按照以上针数连续钩织成片。

心爱夹克

藏青色罗纹针夹克 · 尺寸：110/116 (122/128, 134/140) · 难度●●●

材料

· 羊毛腈纶混纺线(50%美利奴超细羊毛，50%压克力，每团约55米/50克)：藏青色550(650，750)克
· 棒针：5.5号和6.5号
· 环形针：5.5号，40厘米长
· 1根长度适宜的透明双头拉链

编织图案

罗纹针：3针下针、3针上针交替编织。

宽罗纹针：4针上下针、4针起伏针交替编织。

编织小样

使用6.5号棒针编织宽罗纹针：12针21行=约10厘米x10厘米织片。

编织方法

后片： 用6.5号棒针起46(50，56)针，以4针起伏针(2针上下针，1针起伏针)开始织宽罗纹针。起针后织到42(48，54)厘米处开后领。中间平收8(10，14)针。肩部分开完成，靠领口一侧每2行减3针减1次。从起针处量起至44(50，56)厘米处，肩部剩余针数收针断线。

右前片： 用6.5号棒针起22(24，27)针，以4针起伏针开始织宽罗纹针。起针后织到39(45，51)厘米处开领口，右侧平收2(3，5)针收1次，再每2行减2针减1次，每2行减1针减2次。织到与后片同高后，肩部剩余针数收针断线。

左前片： 以相同方法编织。

右袖： 用6.5号棒针起26针，以2针起伏针开始织宽罗纹针。袖子两侧每10行各加1针加2(0，0)次，每8行各加1针加6(6，3)次，每6行各加1针加0(5，10)次。注意：织至从起针处量起4厘米处，预留拇指洞。即靠左边起5厘米处平收4针，下一行继续重新起出4针（即补上这4针）。起针后织到36(40，43)厘米处收针断线。

左袖： 以相同方法编织。

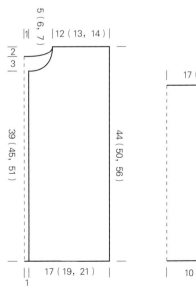

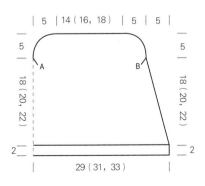

连帽：用5.5号棒针起71(71，77)针，织2厘米罗纹针，其中最后一行均匀加1(5，3)针。然后以1针起伏针(3针起伏针，1针上下针)开始继续织宽罗纹针。两侧每4行各加1针加2(0，0)次，每6行各加1针加4(6，5)次，每8行各加1针加0(0，1)次。从罗纹针边上方量起至18(20，22)厘米处，外缘两侧各减1针减1次，每4行各减1针减1次，每2行各减2针减2次。连帽圆弧中间平收2针。分针，两侧分开完成，每4行减1针减1次，每2行减2针减2次。从罗纹针边上方量起至23(25，27)厘米处，剩余针数收针断线。

整理：缝合肩部。袖子中线与肩缝对齐，上袖子。缝合侧身和袖片。用环形针从领口挑51(57，63)针：先从领圈外侧挑针，留出半针边针，织5行上下针后收针断线。再从领圈内侧，边针针目的另一侧里挑针，以相同方法编织。收针断线。连帽从A点到B点方向缝合，再缝到领边上。从门襟处挑58(66，74)针：先从外侧挑针，留出半针边针，织3行上下针，收针断线。再从内侧，边针针目的另一侧里挑针，以相同方法编织。收针断线。将拉链缝合于两前片门襟边之间。

小红帽

红色连帽开衫 · 尺寸：116/122（128/134，140/146） · 难度●●

材料

- 美利奴羊驼混纺线（70%美利奴羊毛，30%羊驼，每团约90米/50克）：大红色350（450，550）克
- 棒针：5号和6号
- 2根环形针：5号，40厘米长
- 直径36毫米心形纽扣：5（6，7）颗

编织图案

罗纹针：3针下针、3针上针交替编织。

编织小样

使用6号棒针编织上下针：16针22行=约10厘米x10厘米织片。

编织方法

后片：用5号棒针起56（62，68）针，织7厘米罗纹针，其中最后一行均匀加5针。换6号棒针继续织上下针。从下摆上方量起至33（39，45）厘米处开后领，中间平收17（21，23）针。肩部分开完成，靠领口一侧每2行减2针减1次。从下摆上方量起至35（41，47）厘米处，肩部剩余针数收针断线。

右前片：用5号棒针起26（30，30）针，织7厘米罗纹针，其中最后一行均匀加2（1，4）针。换6号棒针继续织上下针。从下摆上方量起至29（35，41）厘米处开领口，右侧平收3（5，6）针收1次，再每2行减2针减2次，每2行减1针减1次。织到与后片同高，肩部剩余针数收针断线。

左前片：以相同方法编织。

袖子：用5号棒针起26（32，32）针，织10厘米罗纹针，其中最后一行均匀加5（2，5）针。换6号棒针继续织上下针。袖子两侧每6行各加1针加4（3，4）次，每4行各加1针加7（10，10）次。从袖边上方量起至25（28，31）厘米处，收针断线。

连帽：用5号棒针起95（101，107）针，织6厘米罗纹针，换6号棒针继续织上下针。从罗纹针边上方量起至14（16，18）厘米处，两侧各平收1针收1次，再每2行各减1针减3次，每2行各减2针减2次，形成连帽两侧的圆弧。同时，自外侧圆弧起始位置，中间平收2针，形成内侧圆弧。分针，两侧分开完成，每2行内侧减1针减3次，每2行

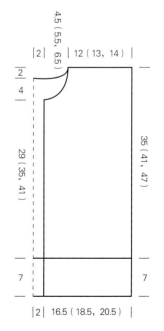

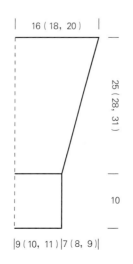

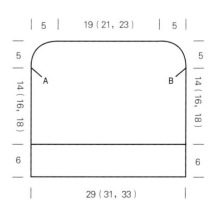

内侧减2针减2次。从罗纹针边上方量起至
19(21，23)厘米处，剩余针数收针断线。
整理：缝合肩部。上袖子，袖子中线对齐
肩缝。缝合侧身和袖片。用环形针从门襟
处挑59(71，83)针织门襟边，方法如下：
先从外侧挑针，留出半针边针，织3行上
下针。再取第2根棒针从内侧，边针针目
的另一侧挑针，以相同方法编织。接着将
外侧与内侧的针数一一对应进行2针并1针
织下针，然后织4厘米宽罗纹针。其中罗
纹针织到1.5厘米时，在右门襟边上均匀
开5(6，7)个扣眼(即平收3针，下一行再加
出这3针)。收针断线。用环形针从领口挑
60(66，72)针，织纵向领边，方法如下：
先从外侧挑针，留出半针边针，织3行上
下针，收针断线。再从内侧，边针针目
的另一侧挑针，以相同方法编织。收针断
线。连帽从A点到B点方向缝合，再缝到
领边上。钉上纽扣。

暖暖的酷

绿色系浮雕纹套头衫　·　尺寸：116/122 (128/134，140/146)　·　难度●●

材料

· 棉线(100%棉，每团约125米/50克)：苹果绿色550(600，600)克，深绿色100(150，150)克
· 棒针：3号
· 2根环形针：3号，40厘米长

编织图案

罗纹针：2针下针、2针上针交替编织。苹果绿色线织2厘米，深绿色线织1厘米。

图案1：按照编织图解1编织。重复单元花样，重复第1、2行。

图案2：按照编织图解2编织。重复单元花样，重复第1~8行。

编织小样

使用3号棒针编织以上两种图案：26针36行= 约10厘米x10厘米织片。

编织方法

后片：用苹果绿色线起90(98，110)针。织9厘米罗纹针，其中最后一行均匀加3(7，7)针。继续用苹果绿色线织图案1，织17(19，21)厘米后，用深绿色线织5(6，7)厘米，以苹果绿色线结束。从下摆上方量起至33(38，43)厘米处开后领，中间平收24(24，28)针。两侧肩部分开完成，靠领口一侧

每2行减3针减2次。从下摆上方量起至35(40，45)厘米处，肩部剩余针数收针断线。

前片：编织方法同后片，领口开深。从下摆上方量起至28(33，38)厘米处，中间平收12(12，14)针。两侧肩部分开完成，靠领口一侧每2行减4针减1次，每2行减3针减1次，每2行减2针减1次，每2行减1针减3次。从下摆上方量起至35(40，45)厘米处，肩部剩余针数收针断线。

袖子：用苹果绿色线起42(42，46)针，织5厘米罗纹针，其中最后一行均匀加5(5，1)针。从箭头A开始换图案2继续编织。袖子两侧每7行各加1针加13(10，12)次，每6行各加1针加0(6，6)次。从

袖边上方量起至26(30，34)厘米处收针断线。

整理：缝合肩部。用环形针、深绿色线从领口前方挑104(104，112)针，织3行上下针。然后用另一根环形针从边针针目的另一侧挑同样针数，同样织3行上下针。然后将2根环形针上的针数一一对应进行2针并1针织下针。再织5厘米罗纹针。上袖子，袖子中线对齐肩缝。缝合侧身及袖片。

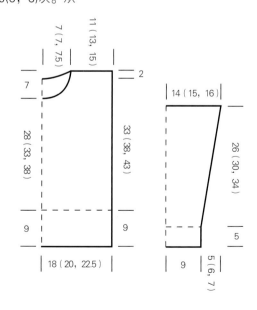

编织图解2

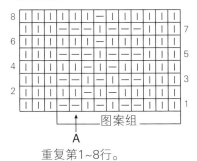

重复第1~8行。

编织图解1

重复第1、2行。

符号说明

☐ I = 1针下针

☐ — = 1针上针

☐ < = 1针右交叉针

☐ > = 1 针左交叉针

自信

橙色斗篷　·　尺寸：110/116 (122/128，134/140)　·　难度 ●●

材料

- 美利奴聚酯混纺线(98%美利奴超细羊毛，2%聚酯，每团约90米/100克)：橙色600(700，800)克
- 棒针：8号和9号
- 环形针：8号，40厘米长
- 钩针：8号

编织图案

罗纹针：4针下针、4针上针交替编织。

横向罗纹针：*1针起伏针，2针上下针，1针起伏针，2针反上下针。从*开始重复。

编织小样

使用9号棒针编织横向罗纹针：12针19行=约10厘米x10厘米织片。

编织方法

斗篷为整体编织，从前片下面的尖儿开始编织：

用9号棒针起4针，全部织起伏针，其中每2行两侧在中间的2针边上加1针加3次。织8行=3厘米后，织4针起伏针作为衣边，以2针上下针开始织2针横向罗纹针，再织4针起伏针作为另一侧衣边。边织边继续每2行加1针加37(37，39)次。织到49(54，59)厘米后开领口，中间平收4(6，10)针，两侧肩部分开完成，靠领口一侧每2行减2针减1次，每2行减1针减3次。织到55(60，65)厘米后，除了不用开领口外，以相同方法编织后片。后片的第1行，将棒针上的针数一直织到领口位置，然后再加出14(16，20)针，编织剩余针数。斗篷侧边织法同前，用减针代替加针。后片从起织点织到55(60，65)厘米处，剩余4针收针断线。

整理：肩线两侧5(6，7)厘米的垂直侧边钩织1行短针。从短针的外侧线圈用8号棒针挑18(18，26)针作为袖口。织12厘米罗纹针，其中织到6厘米时，靠左侧（右袖口）减去2.5(3，3.5)厘米作为拇指洞。同样，靠右侧（左袖口）减去2.5(3，3.5)厘米作为拇指洞。两侧分开继续编织4厘米，再加回所有针数继续编织。收针断线。缝合袖口。领口钩织1圈短针。用环形针从短针的外侧线圈挑48(56，64)针，织12厘米宽的罗纹针。收针断线。

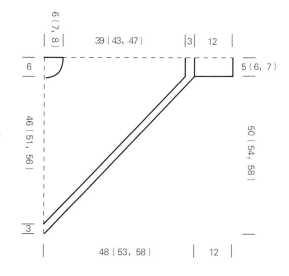

棒针基础课程

起针

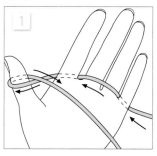

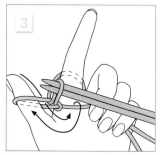

下针

如图线头自小指和无名指之间从外向内带，再从中指和食指之间向外拉出，在拇指前面绕一圈。

用2根棒针挑起拇指上的线圈，然后再挑起食指上的线圈，将食指线圈穿过拇指线圈拉出。

将拇指从线圈里拉出，带到前端的线下方，并用拇指拢紧线圈。达到需要的针数后拔出1根棒针。

将线置于左侧棒针后方，用右侧棒针从右到左如图插入线圈，将线如图挂在右侧棒针上，穿过线圈拉出。线圈从左侧棒针上滑出。

上针

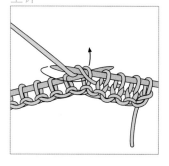

下针扭针

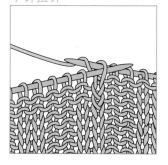

上针扭针

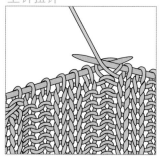

2针并1针织下针

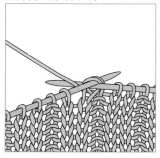

将线置于左侧棒针前方，将右侧棒针从右往左如图插入线圈，将线从前往后缠绕挂在右侧棒针上，按照箭头所示方向穿过线圈拉出。线圈从左侧棒针上滑出。

如图将右侧棒针从后往前从线圈后方插入，挂线按照下针编织方法穿出。

将线置于织片前方，如图将左侧棒针从后往前从线圈后方插入，挂线按照上针编织方法穿出。

将线置于织片后方，如图将右侧棒针从右往左穿过左侧棒针上2个线圈，挂线按照下针编织方法拉出，线圈从左侧棒针上滑出。

2针拨收并1针

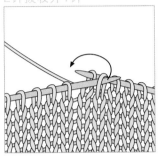

1针如织下针般挑针不织，接下来的1针织下针，将挑针的1针套到织的这针下针上。

2针并1针织上针

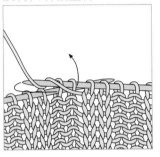

将线如织上针般置于左侧棒针前方，如图将右侧棒针从右往左插入左侧棒针上2个线圈，挂线按照上针编织方法拉出，线圈从左侧棒针上滑出。

横向加针织上针扭针

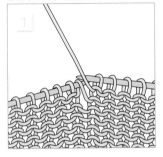

用左侧棒针将2针之间的横向线圈从前往后挑起。

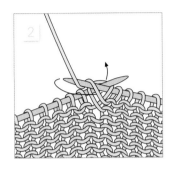

将线置于织片前方，如图将右侧棒针从左往右插入线圈后半部分。如图挂线并拉出，挑起的横向线圈从左侧棒针上滑出。

横向加针织下针扭针

如横向加针织上针扭针那样挑起横向线圈。将线置于织片后方。如图将右侧棒针插入线圈后半部分，如图挂线并拉出。挑起的横向线圈从左侧棒针上滑出。

边针

如图将棒针上的线从后往前绕过拇指，用中指、无名指和小指捏紧一些。

如图右侧棒针从前往后插入线圈，带住后面的线。

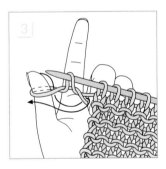

将后面的线拉出线圈，按照箭头所示方向将拇指从线圈里穿出，拽紧线，这样新的1针就形成了。

右麻花花样

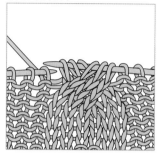

将3针移到麻花针上并置于织片后方。左侧棒针上接下来的3针织下针，再把麻花针上的3针织下针。

左麻花花样

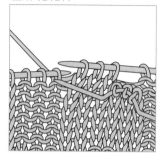

将3针移到麻花针上并置于织片前方。左侧棒针上接下来的3针织下针，再把麻花针上的3针织下针。

提花图案织法/挪威织法

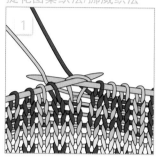

提花图案用两种或多种颜色的线编织。将需要的线缠绕在左手的食指上，不需要的线松松地置于织片后方。

要换另一种线时，将右侧棒针上的针目互相稍稍推松，这样新线间隔适宜，织片不会绷紧。

挑针

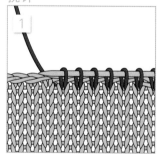

将棒针插入边针下方的线圈里，挑出线，在棒针上形成1针。依此类推，挑出需要的针数。

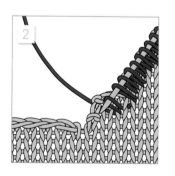

弧形边缘挑针时，收针时形成的"阶梯"必须保持均匀。最好也从前一行里挑针。

收针

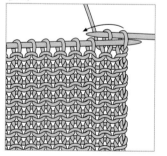

编织头2针，将左侧棒针插入第1针中，按照箭头所示方向挑过第2针。用右侧棒针将第2针从第1针里拨出。依照顺序织下一针，将前一针套到已织的这针上。

缝合

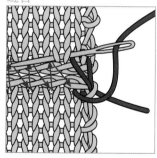

将两织片边缘对齐并放平整，用缝衣针挑一个线圈，将线拉出。如图所示，绕着收针/起针边缘的线圈处入针出针(见箭头)。两边各缝约2厘米后抽线。

钩针基础课程

辫子针

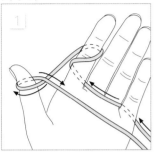

如图所示，将线置于左手。

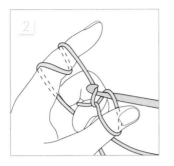

将钩针从下伸入拇指上的线圈里，钩线拉出。将拇指从线圈里脱出，完成1个起针结和1个线圈。

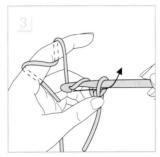

用拇指和中指捏住起针结，将食指上的线用钩针按照箭头所示方向钩出，穿过线圈。

引拔针

如图将钩针插入针目2根线中，在钩针上挂线，按照箭头所示方向将线一次性引拔出。

短针

如图将钩针插入针目2根线中，在钩针上挂线，按照箭头所示方向从针目2根线中引出挂线。

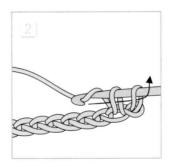

重新在钩针上挂线，从钩针上2个线圈中一起引拔出线。

长针

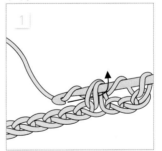

先在钩针上挂线，再将钩针插入针目2根线中。再次在钩针上挂线后，从针目2根线中引出挂线。

再次在钩针上挂线后，从钩针上2个线圈中引拔出线。再次在钩针上挂线后，从钩针上最后2个线圈中引拔出线。

Published in its Original Edition with the title

Strick Mode für Kids

by Christophorus Verlag GmbH

Copyright ©Christophorus Verlag GmbH, Freiburg/Germany

This edition arranged by Himmer Winco

© for the Chinese edition:Henan science and Technology Press

本书中文简体字版由北京永图熙码文化传媒有限公司独家授予河南科学技术出版社有限公司，全书文、图局部或全部，未经同意不得转载或翻印。

著作权合同登记号：图字16-2014-017

图书在版编目（CIP）数据

儿童时尚毛衣编织/德国Christophorus出版社汇编；熊梅雯译. —郑州：河南科学技术出版社, 2015.11
ISBN 978-7-5349-7950-7

Ⅰ.①儿… Ⅱ.①德… ②熊… Ⅲ.①童服—毛衣—编织—图集 Ⅳ.①TS941.763.1-64

中国版本图书馆CIP数据核字（2015）第231306号

出版发行：河南科学技术出版社
　　　　　地址：郑州市经五路66号　　邮编：450002
　　　　　电话：（0371）65737028　　65788613
　　　　　网址：www.hnstp.cn
策划编辑：李　洁
责任编辑：孟凡晓
责任校对：耿宝文
责任印制：张艳芳
印　　刷：北京盛通印刷股份有限公司
经　　销：全国新华书店
幅面尺寸：210 mm×260 mm　　印张：4　　字数：130千字
版　　次：2015年11月第1版　　2015年11月第1次印刷
定　　价：35.00元

如发现印、装质量问题，影响阅读，请与出版社联系并调换。